MÉLANGES ENTOMOLOGIQUES

4ᵉ MÉMOIRE

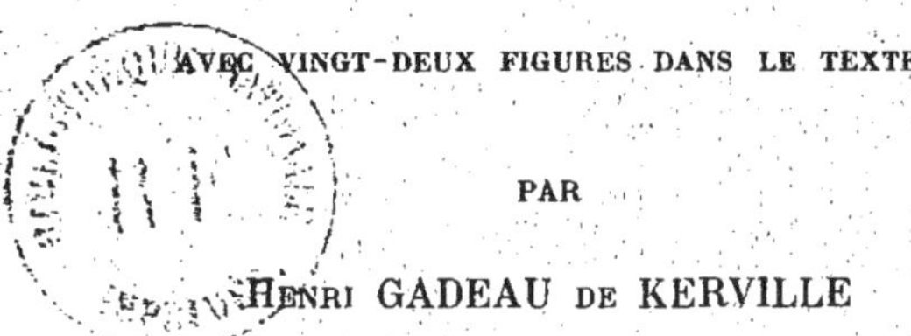

AVEC VINGT-DEUX FIGURES DANS LE TEXTE

PAR

Henri GADEAU de KERVILLE

EXTRAIT

du *Bulletin de la Société des Amis des Sciences naturelles de Rouen*

(années 1926 et 1927)

ROUEN

IMPRIMERIE LECERF FILS

1928

MÉLANGES ENTOMOLOGIQUES

4ᵉ MÉMOIRE

MÉLANGES ENTOMOLOGIQUES

4ᵉ MÉMOIRE

AVEC VINGT-DEUX FIGURES DANS LE TEXTE

PAR

Henri GADEAU DE KERVILLE

EXTRAIT

du *Bulletin de la Société des Amis des Sciences naturelles de Rouen*

(années 1926 et 1927)

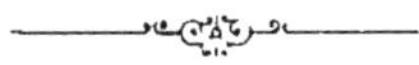

ROUEN

IMPRIMERIE LECERF FILS

1928

MÉLANGES ENTOMOLOGIQUES

4ᵉ MÉMOIRE

AVEC VINGT-DEUX FIGURES DANS LE TEXTE

PAR

Henri GADEAU DE KERVILLE

Le premier mémoire de mes *Mélanges entomologiques*[1]
a paru en 1883 : le deuxième, l'année suivante, et le troisième en 1885. Entre la publication du troisième et du
quatrième, il s'est donc écoulé quarante-trois ans au
cours desquels je ne suis pas resté dans l'oisiveté, comme
le savent les personnes qui veulent bien s'intéresser à mes
travaux scientifiques.

Quelques-uns de mes collègues à la Société des Amis des
Sciences naturelles de Rouen, dont j'ai la satisfaction
profonde et l'honneur de faire partie depuis un demi-siècle,
m'ont demandé de reproduire dans son Bulletin les notes
que j'avais publiées, de 1924 à 1928 inclusivement, dans celui
de la Société entomologique de France, et qui n'ont pas été
tirées à part.

Pour déférer à leur aimable demande, je les reproduis ici,
en y ajoutant des notes inédites.

Ce quatrième mémoire se compose des six travaux suivants :

1. *Mélanges entomologiques*, dans le Bull. de la Soc. des Amis des
Scienc. natur. de Rouen, *1ᵉʳ mémoire*. 1ᵉʳ sem. 1883, p. 73 ; *2ᵉ mémoire*.
2ᵉ sem. 1883, p. 275 ; et *3ᵉ mémoire*, 2ᵉ sem. 1884, p. 311. Tirés à part,
Rouen, Léon Deshays, 1883, 1884 et 1885, (les deux premiers avec une
pagination spéciale, et le dernier avec la pagination du Bulletin).

I. — *Recherches expérimentales sur les conséquences de la décapitation et sur la greffe de la téte d'Insectes de différents ordres*. (Reproduction modifiée et augmentée).

II. — *Expériences sur la régénération homomorphe d'antennes de Tenebrio molitor L. (Coléoptère) et la régénération homomorphe et hétéromorphe d'antennes de Carausius morosus Br. (Orthoptère)*, avec trois figures dans le texte. (Reproduction intégrale).

III. — *Description d'anomalies coléoptérologiques et lépidoptérologiques*, avec onze figures dans le texte. (Inédit en partie).

IV. — *Description et figuration d'une cécidie nouvelle produite par les larves d'un Thripidé (Thysanoptère) aux capitules de l'Eryngium Bourgati Gouan (Ombellacée)*. (Reproduction intégrale).

V. — *Quelques lignes sur le Fourmilion indigène (Euroleon nostras Fourc.)*, avec cinq figures dans le texte. (Inédit).

VI. — *Sur la présence du Rosalia alpina L. (Coléoptère Cérambycidé) en Normandie*. (Inédit).

I

Recherches expérimentales
sur les conséquences de la décapitation
et sur la greffe de la tête d'Insectes de différents ordres[1]

Dans l'Anzeiger der Akademie der Wissenschaften in Wien, Mathematisch-naturwissenschaftliche Klasse (n° 18 de 1921, p. 157 et 158, et n° 2-3 de 1922, p. 13), Walter Finkler publia trois notes au cours desquelles il dit avoir réussi la greffe de la tête d'Insectes de différents ordres, en remplaçant la tête d'un individu par celle d'un autre de la même espèce, ou d'une autre espèce du même genre, ou même d'une famille différente. Il prétendit qu'un certain temps après la réussite de la greffe, les Insectes se nourrissaient, déféquaient, et, fait plus étonnant encore, qu'en greffant à un mâle la tête d'une femelle de son espèce, et inversement, il avait constaté chez un Coléoptère, l'*Hydrophilus piceus* L., le changement de l'instinct sexuel, le mâle devenant femelle à cet égard, et la femelle devenant mâle.

Ces résultats extraordinaires, invraisemblables même, eurent du retentissement dans le monde scientifique, et la grande presse en parla. Les biologistes ne pourront y croire avant qu'ils ne soient confirmés par des expériences

---

1. Reproduction, modifiée et augmentée, des quatre notes suivantes que j'ai publiées dans le Bull. de la Soc. entomologique de France : *Conséquences de la ligature de la tête, avec ou sans décapitation, chez les Vers à soie du mûrier (Sericaria mori L.) au moment de la nymphose*, (année 1924, p. 69 ; *Conséquences de la décapitation de chenilles de Vanessa urticae L. et de Sericaria mori L. au moment de la nymphose*, année 1925, p. 79); *Résultats de la décapitation et greffe de la tête d'Insectes adultes de différents ordres*, (ann. 1926, p. 47); *Résultat de l'accouplement de femelles décapitées avec des mâles normaux et ponte d'abdomens isolés chez le Bombyx du mûrier (Sericaria mori L.)*, (ann. 1928, p. 70).

multipliées et soigneusement faites. Or, celles que l'on a effectuées jusqu'à présent n'ont apporté, à ma connaissance, aucune preuve certaine de l'exactitude des faits en question.

La lecture des notes de Finkler m'a engagé à entreprendre des expériences ayant trait au sujet dont il s'agit.

En 1923, j'ai effectué les suivantes sur des Vers à soie du mûrier (*Sericaria mori* L.) élevés à mon domicile et paraissant très bien portants, un certain nombre d'entre eux étant conservés comme témoins.

Au moment de la nymphose, j'ai ligaturé deux cents chenilles environ : les unes, avant qu'elles aient filé leur cocon ; les autres, quand elles étaient dans leur cocon, raccourcies et immobiles. Les ligatures ont été pratiquées en arrière de la tête ou de la paire postérieure des pattes thoraciques, avec un fil, au moyen d'un nœud coulant, serré fortement et fixé par un second nœud. Avec des ciseaux j'ai coupé la tête à une partie des chenilles, immédiatement après la ligature, et laissé celle des autres. Il m'a semblé inutile d'endormir les chenilles avant de les opérer. La ligature est indispensable pour toutes les chenilles que l'on doit décapiter; car, si elle n'était pas faite, une partie du contenu du tube digestif s'échapperait par l'ouverture et déterminerait leur mort.

Les chenilles ligaturées, mais non décapitées, ne peuvent pas filer de cocon et produisent, tout au plus, un peu des fils qui précèdent sa formation ; mais, comme on le sait bien, l'absence de cocon n'empêche pas la production de papillons normalement constitués.

La presque totalité de mes chenilles moururent avant de se transformer en nymphes. Néanmoins, j'ai obtenu deux nymphes acéphales et un papillon normal.

Deux chenilles, qui avaient été ligaturées, mais non décapitées, ont donné des nymphes présentant les étuis des ailes et des pattes médianes et postérieures, mais ne possédant pas de tête, ni de pattes antérieures.

Enfin, une chenille non décapitée produisit un papillon

femelle dont la tête, comme tout le reste du corps, était normale. Cette femelle, accouplée avec un témoin, effectua sa ponte, et la couleur des œufs m'a fait voir qu'ils étaient fécondés. Je suis certain d'avoir ligaturé la chenille en arrière de la tête; mais il est très probable que la ligature n'avait pas été suffisamment serrée pour avoir une action efficace.

En 1924, j'ai effectué, sur des chenilles de *Vanessa urticae* L. et de *Sericaria mori* L., des expériences dont les résultats ont été beaucoup plus intéressants que les précédents.

Comme je l'avais fait antérieurement, j'ai ligaturé les chenilles en arrière de la tête, au moment de leur nymphose; mais, cette fois, je les ai toutes décapitées aussitôt après la ligature.

Les chenilles de *Vanessa urticae* furent ligaturées quand elles se disposaient à se suspendre pour se chrysalider ou quand elles étaient déjà suspendues. Celles de *Sericaria mori* le furent lorsqu'elles étaient sur le point de filer leur cocon ou que, dans le cocon, elles étaient raccourcies et immobiles. Il n'y a pas lieu de s'étonner qu'une grande partie des chenilles ne survivent pas à cette grave mutilation.

Sur une soixantaine de chenilles de *Vanessa urticae* opérées, les deux tiers environ périrent avant de se transformer en nymphes; les autres effectuèrent leur nymphose, mais moururent avant de s'être transformées en papillons, sauf une seule à laquelle manquait, comme aux autres, la partie antérieure du corps. Le papillon présentait des ailes de coloration normale, mais mourut sans pouvoir se dégager de son enveloppe nymphaire.

Relativement aux Vers à soie du mûrier décapités, j'ai obtenu des résultats encore plus intéressants.

Environ cent cinquante de ces Vers, ligaturés au moment de leur nymphose, m'ont donné cinquante-quatre nymphes, toutes privées de leur partie antérieure : les unes étant

19

mortes à cet état, les autres s'étant transformées en papillons qui n'arrivèrent pas à l'éclosion.

De plus, j'ai obtenu cinq papillons qui s'étaient dégagés de leur enveloppe nymphaire, sauf de la partie antérieure de cette dernière, et dont deux ont pondu.

Il est très probable que si les œufs de ces femelles acéphales avaient été fécondés par des mâles complets, ils m'eussent donné des individus normaux; mais je n'ai pu réaliser cette expérience qui mérite d'être tentée.

Le fait le plus intéressant de ces expériences, c'est d'avoir prouvé que des Vers à soie du mûrier, décapités au moment de leur nymphose, peuvent produire des papillons qui effectuent leur ponte.

A cet égard, il convient de rappeler celles faites par A. Conte et C. Vaney sur des chenilles des trois espèces suivantes : *Sericaria mori* L., *Arctia caja* L. et *Lymantria dispar* L., indiquées dans leur note ayant pour titre : *Production expérimentale de Lépidoptères acéphales*[1].

Dans une note intitulée : *Verpuppung kopfloser Raupen*[2], Hans Przibram dit avoir obtenu des nymphes provenant de chenilles décapitées des trois espèces suivantes : *Pieris brassicae* L., *Vanessa Io* L. et *Vanessa urticae* L., mais il ne dit pas si les nymphes se sont transformées en papillons.

En 1925, j'ai expérimenté sur plus de deux cent cinquante Insectes de différents ordres, tous adultes et bien vivants, décapités avec des ciseaux. Je n'ai pas maintenu dans un milieu un peu humide les Insectes terrestres opérés et n'ai pas protégé la surface de section pour l'antiseptiser. Si je l'avais fait, il est probable que, d'une façon générale,

1. Comptes rendus de l'Académie des Sciences de Paris (séance du 13 février 1911 (p. 404).

2. Anzeiger der Akademie der Wissenschaften in Wien, Mathematisch-naturwissenschaftliche Klasse, n° 7-8 de 1921, p. 35.

j'eusse prolongé quelque peu la vie des sujets en expérience. Toutefois, la coagulation plus ou moins prompte du liquide sortant du corps après la décapitation protège l'individu décapité contre les causes d'infection venant de l'extérieur.

Les Insectes en question appartenaient à neuf espèces de Coléoptères (*Carabus violaceus* L. race *purpurascens* Fabr., *Carabus intricatus* L., *Carabus catenulatus* Scop., *Carabus auronitens* Fabr. var. *cupreonitens* Chevr., *Colymbetes fuscus* L., *Dyticus marginalis* L., *Tenebrio molitor* L., *Chrysochloa tristis* Fabr. et *Cetonia aurata* L.), à deux espèces d'Orthoptères (*Carausius morosus* Br. et *Mantis religiosa* L.), à une espèce de Lépidoptère (*Sericaria mori* L.) et à une espèce d'Hémiptère (*Notonecta glauca* L.). Le plus grand nombre de ces Insectes m'ont servi pour étudier les conséquences de la décapitation ; les autres dans ce but et, aussi, pour des greffes de la tête.

Si l'on voulait avoir des renseignements généraux sur la durée de la vie des Insectes adultes des différents ordres après leur décapitation, il faudrait effectuer des expériences infiniment nombreuses. Celles que j'ai faites sont bien restreintes, mais peuvent, néanmoins, donner une idée de la question.

Il est difficile de savoir à quel moment précis meurt un Insecte. Heureusement, cela n'est pas nécessaire pour de telles recherches, étant donné que la résistance vitale à la décapitation varie, non seulement d'une espèce à une autre, mais aussi, et parfois beaucoup, chez des individus de la même espèce.

Voici le résumé de mes expériences concernant la durée de la vie d'Insectes adultes après leur décapitation, expériences effectuées sur des spécimens des deux sexes :

Ayant décapité six *Carabus* des espèces indiquées ci-avant, deux seulement : un *C. violaceus* race *purpurascens* et un *C. catenulatus* réagissaient encore sous l'excitation au bout de onze jours.

Un *Colymbetes fuscus* ne réagissait plus que très faiblement sous l'excitation vingt-huit heures après.

Sur douze *Dyticus marginalis*, un seul réagissait encore, mais à peine, au bout de quatre jours.

Quatre-vingts *Tenebrio molitor* étaient tous morts cinq jours après.

Sur cinquante-quatre *Chrysochloa tristis*, deux seulement réagissaient encore au bout de sept jours.

Sur quatre *Cetonia aurata*, deux réagissaient encore six jours et demi après leur décapitation.

Sur trente et un *Carausius morosus*, deux seulement réagissaient encore cinq jours après.

Ayant décapité, par intervalles d'un jour, une soixantaine de *Sericaria mori*, j'ai constaté que presque tous étaient encore bien vivants : les uns au bout de quatre jours, les autres au bout de cinq, six et sept ; mais, partant pour les Pyrénées, je n'ai pu suivre l'expérience jusqu'à la fin. Je suis très porté à croire qu'une partie de ces Lépidoptères ont vécu quelques jours de plus.

Quant aux huit *Notonecta glauca*, un seul nageait encore, mais faiblement, vingt-huit heures après.

Dans ces expériences, la durée de la vie après la décapitation doit être évaluée en jours et non en semaines. Toutefois, chez certaines espèces, la résistance est plus grande, comme le prouvent, après d'autres, les observations suivantes que j'ai faites sur un *Mantis religiosa*, et il est fort possible que, chez d'autres espèces, elle le soit beaucoup plus encore.

Ayant trouvé à la montagne de Cazaril-Laspénes (Haute-Garonne), commune contiguë à celle de Bagnères-de-Luchon, le 27 septembre 1925, trois Mantes religieuses, je les décapitai ce jour-là, sans protéger la surface de section contre les microbes nocifs du milieu ambiant. Cinq jours plus tard, une était morte et une autre mourante, mais la troisième, une femelle, se montrait toujours bien vivante.

A différentes reprises, je constatai qu'en l'excitant elle effectuait des mouvements très bien coordonnés, malgré l'absence de sa tête. Reposant sur ses pattes postérieures et médianes, elle se redressait quand je l'excitais, son thorax devenait vertical, elle allongeait ses pattes antérieures, fermées auparavant, pour saisir l'objet avec lequel je l'excitais et le tenait fortement avec ses griffes. Elle levait ses quatre ailes et contractait par intervalles son abdomen, en même temps qu'elle produisait une sorte de soufflement. Le 9 octobre, c'est-à-dire douze jours après sa décapitation, elle se comportait encore de même sous l'excitation ; mais, le 16 octobre, elle ne réagissait plus. Il est fort possible que la privation d'un peu d'humidité et le voyage de Bagnères-de-Luchon à Rouen, dans une petite boîte, aient abrégé son existence. On voit donc que la Mante religieuse possède une résistance vitale vraiment étonnante.

Les Mantes sont des Insectes dont la voracité bien connue va jusqu'à la férocité. Les mâles, toujours plus petits et plus faibles que les femelles, sont très souvent mangés par elles après et même pendant l'accouplement.

A l'égard d'une Mante, l'abbé Poiret[1] a publié, en 1784, une note que rend plus intéressante encore le style du dix-huitième siècle :

« Voici, dit-il (p. 335), un fait dont je fus témoin, et qui me fit perdre les préjugés que la mante m'avoit inspirés en sa faveur. J'en conservois une depuis huit jours sous un bocal. J'ignorois d'abord avec quoi la nourrir, ne voulant accepter aucune des plantes que je lui présentois, lorsque, lui offrant son semblable pour lui procurer les agrémens de la société, je la vis se précipiter dessus et le dévorer. Instruit de ce qui pouvoit flatter son appétit, je satisfis sa voracité aux dépens des autres insectes ; elle recevoit tout avec avidité, et n'épargnoit pas même les plus fortes sauterelles, qui, malgré leur élasticité, ne pouvoient s'échapper de ses pattes. Un jour je lui présentai un jeune mâle extraordinairement

---

1. *Dissertation sur la sensibilité des Insectes, précédée de quelques observations sur la Mante ; I. Observations sur la Mante,* dans les Observations sur la Physique, sur l'Histoire naturelle et sur les Arts (Journal de Physique), ann. 1784, t. XXV, p. 334.

vif. J'espérois que son élégance et ses caresses fléchiroient
cette barbare. En effet, celui-ci s'en étant approché pour lui
faire sa cour, il n'en fut d'abord repoussé que par quelques
coups de pattes ; mais devenant trop importun, il fut saisi,
et paya de sa tête cet excès de témérité. Quoique décollé, il
n'avoit rien perdu de sa première vivacité ; ses instances
n'étoient pas moins pressantes ; tellement qu'à force de
s'agiter, il vint à bout, avec ses pattes de devant, de saisir
par le cou sa cruelle maîtresse. J'étois curieux de voir
quelle vengeance, sans tête, il pourroit exercer contre elle.
Mais à peine pus-je en croire mes yeux, lorsque je le vis
oublier le ressentiment, pour ne s'occuper qu'à satisfaire la
passion que la mante lui avoit inspirée. Un instant après,
je les trouvai vraiment accouplés ; et pour m'assurer d'un
fait aussi bizarre, je levai le bocal, et après avoir détaché la
patte qui retenoit la femelle par le cou, je fis fuir la mante.
Elle s'échappa, et entraina le mâle uni avec elle. J'essayai
légèrement de les séparer ; mais ils tenoient si bien, que
leurs ventres s'allongeoient plutôt que de se désunir : alors
je cessai de les troubler, et je les observai pendant plus
d'une heure dans la même position. Le lendemain matin,
autre action de férocité. Le tronc de son amant, encore pal-
pitant, servit de déjeûner à la mante barbare ; elle mangea
même jusqu'au ventre, qu'elle abandonnoit dans les autres
insectes. J'avois eu soin cependant de fournir abondamment
à ses besoins ; mais elle paroît préférer son semblable à
toute autre nourriture. J'ai observé que toutes n'avoient
pas la même voracité ; que les mâles étoient bien moins
avides que les femelles. J'en ai même conservé plusieurs,
tant mâles que femelles, qui sont restés quinze jours, et
même plus long-temps, sans prendre aucune nourriture, et
qui cependant n'étoient ni moins vives, ni moins actives
que les autres ».

Dans une intéressante note *Sur la vitalité de Mantis
religiosa* L. [*Orth. Mantidae*]; *ponte après décapitation*,
Lucien Chopard[1] fait savoir qu'une femelle de cette espèce,

1. Bull. de la Soc. entomologique de France, ann. 1914, p. 481.

décapitée par lui, avait construit quatre jours après, en trois heures environ, une oothèque qui était parfaitement constituée et de forme absolument normale. Cette femelle, bien qu'épuisée par la ponte, vécut dix-neuf jours privée de sa tête.

Dans une note non moins intéressante, intitulée : *Accouplement d'un mâle décapité de Mantis religiosa* L. [*Orth.*], le Dr Étienne Rabaud[1] dit avoir observé le fait d'un mâle de cette espèce qui, décapité par la femelle avant le coït, s'était néanmoins accouplé.

« Ayant introduit, dit-il (p. 57), un mâle dans une cage où vivait depuis quelques jours une femelle, celle-ci saisit aussitôt celui-là par les deux pattes ravisseuses. Le mâle se trouvait ainsi solidement maintenu, le grand axe de son corps disposé parallèlement au grand axe du corps de la femelle, les deux individus se regardant face à face et la tête du mâle étant à peu près au niveau du mésothorax de la femelle. Celle-ci, aussitôt la capture effectuée[2], se mit à manger sa proie en commençant par la tête, si bien qu'au bout de quelques instants la décapitation était complète. Le reste du corps ne fut pas pour cela réduit à l'immobilité et, tandis que les mandibules de la femelle attaquaient le thorax, l'abdomen exécutait une série de mouvements exactement comparables à ceux qu'exécute un mâle durant les préliminaires de l'accouplement : se portant sur la face dorsale de l'abdomen de la femelle, l'abdomen du mâle décrivait un mouvement hélicoïdal qui avait pour effet d'amener l'armure génitale au niveau de l'orifice de la poche copulatrice. Tout comme cela se passe dans l'accouplement normal, la pénétration du pénis dans cet orifice ne put se faire du premier coup; l'accouplement, cependant, finit par se produire. Si les mouvements de l'abdomen de

1. Bull. de la Soc. entomologique de France, ann. 1916, p. 57.

2. « Les affirmations de J.-H. Fabre, suivant lesquelles la Mante saisirait toujours ses proies de façon à dévorer d'abord la nuque, sont absolument fausses; tout dépend des circonstances ».

ce mâle décapité ne différaient guère, ni par leur rapidité, ni par leur coordination, des mouvements effectués dans les conditions habituelles, le coït a toutefois duré bien moins longtemps qu'à l'ordinaire : il est vrai que la femelle, ne cessant pas un instant de le manger, tirait à elle le corps du mâle. L'essentiel ne réside pas d'ailleurs dans la durée de l'accouplement, mais dans le fait qu'il ait pu se produire, d'une manière effective, après la décapitation du mâle..... ».

Revenons à mes expériences sur la décapitation d'Insectes adultes de différents ordres, d'où il résulte qu'ils survivent à l'opération un temps très variable, non seulement selon les espèces, mais aussi chez des individus de la même espèce, la question du sexe ne me paraissant pas, d'une façon générale, avoir de l'influence.

Aussitôt après la décapitation, immédiatement suivie d'un écoulement variable de liquide dont l'arrêt est plus ou moins prompt par sa coagulation, les Insectes restent sans mouvement ou bien se déplacent, mais sans direction nette ; cependant il est des cas, tel que celui du *Mantis religiosa*, où il y a exécution de mouvements très bien coordonnés.

Au lieu de décapiter tous les *Dyticus marginalis* que j'avais dans mon vivarium, j'ai transpercé, au moyen d'une épingle ou d'un petit clou, la partie centrale de la tête de plusieurs d'entre eux. Deux avaient la tête traversée par un clou d'un diamètre de deux millimètres, c'est-à-dire gros par rapport à la tête du Dytique. Malgré cette importante lésion, ils remuaient encore au fond de l'eau deux jours après, mais, au bout de trois, ils étaient morts.

Au cours d'expériences que j'ai faites en 1924, j'avais obtenu en décapitant, au moment de leur nymphose, de nombreuses chenilles de *Sericaria mori*, préalablement ligaturées en arrière de la tête, deux femelles qui, non seulement s'étaient transformées en nymphes, puis en papillons acéphales, mais qui avaient effectué leur ponte sans avoir été mises en rapport avec des mâles.

Pensant, d'après ce résultat, que des femelles de *Sericaria mori*, décapitées avant la ponte, pourraient l'effectuer, j'ai coupé la tête à trente-cinq femelles normales et vierges. Contre mon attente, il n'y eut que deux œufs de pondus, un par femelle.

Tous les *Carausius morosus* auxquels j'ai coupé la tête étaient des femelles. On sait que cet Orthoptère, de la famille des Phasmidés, se reproduit très généralement d'une façon parthénogénétique, les mâles étant rares. La plupart des individus que j'avais décapités ont pondu un œuf après l'opération ; deux individus, chacun deux, et un seul trois œufs. Chez cette espèce, ils sont pondus séparément.

J'arrive maintenant à mes expériences de greffe de la tête d'Insectes adultes de différents ordres, inspirées par celles de Walter Finkler, dont il est question dans les pages qui précèdent.

J'ai expérimenté sur un certain nombre d'individus des espèces suivantes : *Carabus violaceus* L. race *purpurascens* Fabr., *Carabus intricatus* L., *Carabus catenulatus* Scop., *Carabus auronitens* Fabr. var. *cupreonitens* Chevr., *Dyticus marginalis* L., *Tenebrio molitor* L. et *Chrysochloa tristis* Fabr., en remettant de suite sa tête à l'individu que je venais de décapiter, ce qui est le cas le plus simple. Mes opérations ont été faites sans narcose ou après avoir auparavant plus ou moins endormi le sujet, afin d'expérimenter comme Walter Finkler. Dans ces opérations, j'ai employé la vapeur d'éther.

L'insensibilisation me paraît inutile pour les individus appartenant à beaucoup d'espèces variées ; mais il en est différemment pour certains Insectes, par exemple les Carabes, qui, sans narcose, remuent plus ou moins après la décapitation, ce qui occasionne souvent la séparation de la tête.

Ces expériences ne m'ont donné que des résultats négatifs et me portent à croire que la durée de la vie des Insectes adultes, après leur décapitation, est, en moyenne et d'une façon générale, à peu près la même, si l'on a remis ou non, soit sa tête, soit une autre, à l'individu décapité, avec ou sans narcose.

En 1927, j'ai fait des expériences pour voir si des femelles de Bombyx du mûrier, décapitées avant leur accouplement avec des mâles normaux, feraient plus ou moins bien leur ponte.

J'ai isolé dans des boîtes vingt femelles vierges, me bornant à les décapiter au moyen d'une paire de ciseaux, sans antiseptiser d'une manière quelconque la surface de section. Autant de mâles vierges s'accouplèrent avec elles et en furent ensuite séparés. Malgré la privation de leur tête, les femelles effectuèrent des mouvements pendant la copulation. Plus de la moitié de ces dernières vivaient dix jours après la décapitation. Une longue absence ne m'a pas permis de savoir combien de temps elles vécurent encore.

Sur ces vingt femelles décapitées, onze n'ont pas pondu ; les neuf autres déposèrent d'un à treize œufs, nombre très inférieur à celui d'une ponte normale, qui doit être évaluée par dizaines. J'ai constaté qu'une certaine quantité d'œufs était restée dans l'abdomen de chacune d'elles.

Chez le Bombyx du mûrier, la décapitation des femelles ne s'oppose nullement à la copulation, mais il en est tout différemment des mâles. En effet, j'ai constaté que les mâles vierges décapités ne s'accouplaient pas, même si l'on plaçait leur abdomen en contact immédiat avec celui de femelles vierges normales.

Il convient d'ajouter que l'ablation d'une ou des deux antennes n'empêche pas les mâles de s'accoupler. Toutefois, j'ai constaté qu'un mâle, auquel j'avais coupé les deux antennes, ne s'était pas accouplé ; mais c'était peut-être là un cas exceptionnel.

J'ai ligaturé au moyen d'un fil, puis séparé avec des ciseaux, l'abdomen de deux femelles vierges de Bombyx du mûrier. Ces abdomens isolés pondirent : l'un quinze œufs et l'autre treize, sans que la moindre compression fût exercée sur eux. Neuf jours après, l'un vivait encore, mais l'autre à peine.

Sur trois femelles vierges de la même espèce, j'ai fait une expérience semblable, mais en séparant leur abdomen sans l'avoir ligaturé auparavant. Pas un œuf ne fut pondu, et les abdomens étaient morts au bout de trois ou quatre jours. J'attribue ce résultat négatif à l'absence de ligature, d'où il s'ensuivait que la surface de section n'était pas à l'abri des microbes nocifs.

Une certaine quantité d'œufs était restée dans chacun de ces cinq abdomens.

En résumé, d'après ces expériences, des femelles décapitées de Bombyx du mûrier, et même leur abdomen isolé, peuvent effectuer leur ponte, mais qui n'est alors que partielle.

Au sujet de mes différentes expériences relatées ci-avant, je tiens à dire qu'un certain nombre d'expérimentateurs en avaient effectué de semblables avant moi.

Dans ce mémoire, je n'ai aucunement l'intention de signaler les nombreuses publications relatives aux conséquences de la décapitation et à la greffe céphalique chez les Insectes, et me borne à l'indication d'une partie d'entre elles.

Le Dr R. H. Kahn[1], à la fin de son travail intitulé : *Kopftransplantation an Carausius morosus*, mentionne des travaux concernant le sujet, qui, tous, sont en langue allemande.

Les expériences faites par lui, comme les autres dont j'ai eu connaissance, comme les miennes, n'ont donné que des résultats négatifs, relativement à la réussite complète de la greffe céphalique chez les Insectes.

En n'importe quel genre de recherches, les expériences qui ne réussissent pas ne sauraient prouver, d'une manière définitive, l'impossibilité de leur réussite, et il faut être

1. Zoologischer Anzeiger, Leipzig, n° du 5 février 1925, p. 75.

aussi prudent dans la négative que dans l'affirmative. Toutefois, quand il s'agit de faits aussi extraordinaires que ceux indiqués par Walter Finkler, on n'y peut croire avant que de nombreuses expériences, faites avec précision par différents biologistes, aient confirmé leur exactitude. Or, je le répète, ce n'est pas, à ma connaissance, ce qui s'est produit jusqu'alors.

Dans trois notes intitulées : *Accouplement, ponte et procréation d'une femelle décapitée de Bombyx quercus* L. ; deuxième note ayant le même titre ; et *Vitalité du corps et de la tête de certains Insectes après décapitation*, le Commandant Edmond Patijaud[1] a fait connaître les intéressants résultats qu'il avait obtenus en décapitant des femelles de Lépidoptères (*Lasiocampa quercus* L., *L. trifolii* Esp., *Lymantria dispar* L., etc.), et la durée de la survie de la tête et du corps chez des Insectes décapités : deux Lépidoptères (*Saturnia pyri* Schiff. et *Lasiocampa trifolii* Esp.), un Orthoptère (*Gryllotalpa gryllotalpa* L.) et un Coléoptère (*Timarcha tenebricosa* Fabr.).

Dans sa deuxième note, il a indiqué, comme je l'ai fait[2], que M. J. Mansion[3] avait obtenu la ponte d'un abdomen isolé de Bombyx du mûrier. A cet égard, il convient de faire savoir que, dès 1907, la Doctoresse Isabel M'Cracken[4] avait signalé, dans un mémoire intitulé : *The Egg-Laying Apparatus in the Silkworm (Bombyx Mori) as a Reflex Apparatus*, l'obtention de la ponte chez des femelles

1. Revue d'Histoire naturelle appliquée, publiée par la Société nationale d'Acclimatation de France, n°ˢ de novembre 1925, p. 350, de novembre 1926, p. 340, et de décembre 1926, p. 361.

2. *Résultat de l'accouplement de femelles décapitées avec des mâles normaux et ponte d'abdomens isolés chez le Bombyx du mûrier (Sericaria mori* L.), (op. cit.).

3. *La ponte d'un abdomen isolé de Sericaria mori* L., dans le Bull. de la Soc. entomologique de France, ann. 1926, p. 109.

4. The Journal of Comparative Neurology and Psychology, n° 3 de 1907, p. 262 et fig. 1.

accouplées ou non de cette espèce, qu'elle avait décapitées et même privées de leur thorax, c'est-à-dire, dans ce dernier cas, la ponte d'abdomens isolés.

J'ajoute que, dans sa troisième note, le Commandant Edmond Patijaud dit que le R.P. Camboué[1], missionnaire à Madagascar, a constaté que la décapitation de certains Papillons avait pour effet de prolonger leur vie, ce qui peut paraître surprenant.

Enfin, je tiens à signaler les quatre intéressantes notes suivantes de M. Jean Rostand[2], second fils de l'illustre poète Edmond Rostand :

Essais de greffe céphalique chez Carausius morosus.

Sur la greffe céphalique chez les Insectes.

Nouvelles expériences sur la greffe céphalique chez les Insectes.

Survie des divers segments du corps chez les Insectes.

Dans cette dernière note se trouvent les observations qui suivent :

« J'ai étudié la survie des divers segments du corps chez le Cerf volant (*Lucanus cervus*). Les segments étaient placés dans une chambre humide, à la température ordinaire ; là ou les surfaces de section étaient recouvertes de paraffine.

» La tête seule vit, en moyenne, huit jours. La tête des mâles, qui est beaucoup plus volumineuse que celle des femelles, ne résiste pas plus longtemps, au contraire, la survie la plus considérable m'ayant été fournie par une tête de femelle, qui résista plus de dix-neuf jours, et présenta jusqu'à la fin des mouvements très nets des antennes, au moindre contact.

» Le thorax seul ne vit que deux ou trois jours.

1. Comptes rendus de l'Académie des Sciences de Paris (séance du 26 juillet 1926).

2. Comptes rendus des séances de la Soc. de Biologie, n° 29 de 1926, p. 948, et Bull. de la Soc. entomologique de France, ann. 1926, p. 237, et ann. 1927, p. 95 et 311.

» La tête et le thorax ensemble ne vivent pas plus long-temps que le thorax seul.

» L'abdomen peut vivre plus d'un mois.

» L'abdomen et le thorax ensemble peuvent vivre près de trois mois, exactement quatre-vingt-huit jours, c'est-à-dire plus longtemps que les insectes entiers, conservés comme témoins ».

Les curieuses expériences qu'a effectuées M. Jean Rostand l'ont amené à dire qu'il « considère la réussite de la greffe céphalique, de l'autogreffe du moins, comme très probable chez les Insectes ».

Que des tissus soient capables de se greffer et que l'insecte décapité auquel on a remis sa tête ou une autre, en prenant tous les soins opératoires nécessaires, continue à vivre plus ou moins longtemps après le greffage; en d'autres termes, que l'autogreffe céphalique se réalise, je puis l'admettre. Mais, comme l'a prétendu Walter Finkler, que la greffe céphalique puisse réussir parfois d'une manière complète; que l'insecte, au bout d'un certain temps après l'opération, puisse non seulement exécuter ses mouvements habituels, mais se nourrir, déféquer, en un mot reprendre sa vie normale, et que, dans certains cas, la transplantation de la tête d'un mâle à une femelle de la même espèce, et réciproquement, puisse modifier leur instinct sexuel, sont des faits que je n'admettrai jamais tant que de bons observateurs n'auront pas démontré leur exacti-tude d'une manière certaine, au moyen d'expériences répétées.

Par contre, il ne faut pas s'étonner qu'à l'état d'imago, des insectes vivent plus ou moins longtemps sans tête, même plus longtemps que ceux qui n'en sont pas privés; que les différentes parties de leur corps, séparées, aient une plus ou moins longue survie, que des abdomens isolés puissent pondre, etc. Il ne faut pas s'en étonner, en raison des différences si profondes qui existent, au point de vue anatomique et physiologique, entre ces Invertébrés et les Vertébrés, surtout les Vertébrés supérieurs.

II

Expériences sur la régénération homomorphe d'antennes de Tenebrio molitor L. (Coléoptère) et la régénération homomorphe et hétéromorphe d'antennes de Carausius morosus Br. (Orthoptère)[1]

AVEC TROIS FIGURES DANS LE TEXTE

Dans une note de tératogénie expérimentale[2] publiée en 1890, j'ai dit avoir obtenu la régénération homomorphe d'antennes de *Tenebrio molitor* L. En 1924, j'ai refait cette expérience en la développant.

Les antennes de la larve de ce Coléoptère, connue sous le nom vulgaire de Ver de farine, sont composées de quatre articles dont le dernier est très petit.

Au moyen de ciseaux, j'ai enlevé deux ou trois articles de l'antenne gauche, de la droite ou des deux, à un assez grand nombre de larves, lorsqu'elles m'ont paru avoir à peu près atteint leur maximum de développement. Quant au premier article, il est presque impossible de l'enlever avec des ciseaux à des larves vivantes.

Chez le *Tenebrio molitor* L., la régénération homomorphe des antennes s'effectue assez facilement ; mais il faut s'attendre à ce qu'une partie des larves meurent avant leur transformation en imago, fait qu'il ne convient pas d'attribuer seulement à l'opération.

Sur soixante-quatorze larves opérées, j'ai obtenu vingt-quatre imagos, soit environ le tiers.

1. Reproduction intégrale de la note que j'ai publiée dans le Bull. de la Soc. entomologique de France, ann. 1925, p. 75.

2. *Expériences tératogéniques sur différentes espèces d'Insectes*, avec six figures dans le texte, dans le journal Le Naturaliste, n° du 15 mai 1890, p. 114. Tirée à part, Paris, bureaux du journal, 1890, (pagination spéciale) (Antenne régénérée de *Tenebrio molitor* L., fig 1).

Les imagos dont l'antenne gauche de la larve avait été partiellement coupée étaient au nombre de douze : sept avaient régénéré complètement cette antenne qui, par suite, présentait ses onze articles normaux ; un avait cette antenne composée de dix articles ; trois avaient l'antenne gauche de seulement deux articles ; et celle du douzième ne s'était pas régénérée.

Les imagos dont l'antenne droite de la larve avait été partiellement coupée étaient au nombre de cinq : un avait régénéré complètement cette antenne ; deux avaient l'antenne droite de neuf articles ; un autre avait seulement trois articles à cette antenne ; et l'antenne droite du cinquième ne s'était pas régénérée.

Les imagos dont les deux antennes de la larve avaient été partiellement coupées étaient au nombre de sept qui tous avaient régénéré des antennes complètes, soit de onze articles.

Chez les Insectes, les pattes provenant de régénérations homomorphes et possédant toutes les parties qui les constituent sont toujours plus courtes que les pattes correspondantes normales. Quant aux antennes complètement régénérées de *Tenebrio molitor* L., elles sont légèrement plus courtes ou d'une longueur sensiblement égale à celle de l'antenne correspondante normale.

Le Ténébrion de la farine est un Insecte précieux pour la biologie expérimentale. En effet, il suffit de mettre dans un objet quelconque, à parois solides et opaques, car l'espèce est lucifuge, du son, des fragments de pain desséché, de petits morceaux de viande et de graisse et quelques chiffons de laine. Dans ce mélange, on dépose les larves dont on n'a plus à s'occuper jusqu'à la fin des expériences.

*
* *

Dans une note intitulée : *Description et figuration d'anomalies coléoptérologiques*[1], j'ai dit que je croyais pouvoir

1. Bull. de la Soc. entomologique de France, ann. 1923, p. 229 et fig. 1-11. Tirés à part, Paris, siège de la Société, 1923, (même pagination).

attribuer à un phénomène de régénération hétéromorphe la présence de deux ongles à l'extrémité de l'antenne droite d'un *Carabus violaceus* L. var. *fulgens* Charp. (fig. 2); basant mon opinion sur le fait de la régénération de pattes à la place d'antennes sectionnées chez un Orthoptère de la famille des Phasmidés : le *Carausius morosus* Br.

Cet Insecte, dont presque tous les individus sont des femelles, a des antennes composées d'assez nombreux articles dont le premier, c'est-à-dire le basilaire, est beaucoup plus développé que tous les autres et mérite, par ce fait, le nom de scape. Quant à ses six pattes, elles ont normalement un tarse de cinq articles dont le dernier porte deux griffes entre lesquelles existe une pelote.

En 1924, j'ai répété les curieuses expériences de régénération hétéromorphe effectuées, sur le *Carausius morosus*, par Lucien Cuénot[1] qui en a publié les résultats dans deux notes intitulées : *Régénération de pattes à la place d'antennes sectionnées chez un Phasme* et *Sur les différents modes de régénération des antennes chez le Phasme Carausius morosus*. Cette régénération hétéromorphe avait été obtenue antérieurement par H.-O. Schmit-Jensen, cité dans la première de ces deux notes.

Les tout jeunes individus de cet Orthoptère non soumis à des expériences meurent en partie avant d'atteindre leur développement complet. Évidemment, il en est de même pour les individus que l'on opère. Quant aux autres, ils ne donnent pas de régénérations ou en produisent, soit à l'antenne gauche, soit à la droite et même aux deux, régénérations qui présentent de nombreuses différences dans leur degré de formation et de netteté.

A un certain nombre de tout jeunes *Carausius morosus* qui m'avaient été donnés par mon savant ami M. Robert Regnier, directeur du Muséum d'Histoire naturelle et de la

---

1. Comptes rendus de l'Académie des Sciences de Paris (séances des 18 et 25 avril 1921, p. 949 et fig. I-IV, et p. 1009).

21

Station de Zoologie agricole de Rouen, j'ai coupé, totalement ou partiellement, les deux antennes ou une seule.

Sur vingt-trois femelles qui, dans ces expériences, atteignirent leur entier développement, j'ai obtenu sept régénérations plus ou moins informes et quatre régénérations de pattes : une manquant de netteté ; une composée d'un tarse manquant aussi de netteté et terminé par les deux griffes et la pelote ; une composée d'un tibia et d'un tarse de trois articles, avec les deux griffes et la pelote (fig. 3), et une formée d'un tibia et d'un tarse de quatre articles.

La figure 1 représente, grossie d'un tiers, la patte antérieure gauche d'une femelle ayant atteint son développement complet ; la figure 2 montre, grossie cinq fois, la partie inférieure de l'antenne gauche d'une autre femelle adulte, et la figure 3 représente, grossie huit fois, chez une femelle adulte ayant à peu près la même taille que celle des deux autres, la régénération, à l'antenne droite, d'une patte commençant à la partie supérieure de l'article basilaire de l'antenne et composée d'un tibia et d'un tarse de trois articles dont les deux griffes et la pelote du dernier sont nettement visibles.

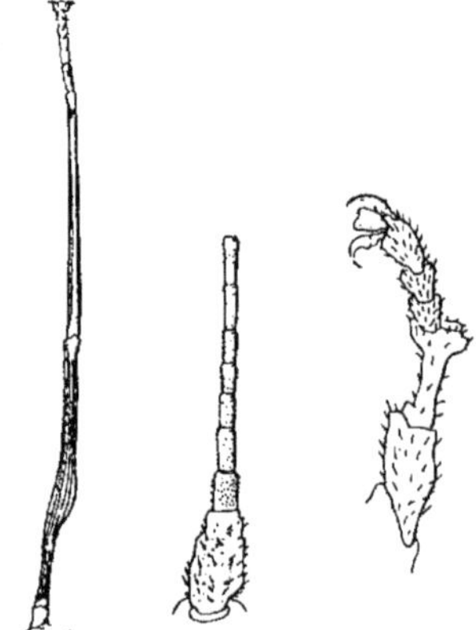

Fig. 1.   Fig. 2.   Fig. 3.

Ces trois figures m'ont été fidèlement dessinées par Mlle L. Guyon.

Les régénérations hétéromorphes que j'ai obtenues proviennent d'antennes coupées dans une zone située immédiatement au-dessus de l'article basilaire ou dans la partie supérieure de ce dernier.

Dans la régénération de pattes à la place d'antennes sectionnées chez le *Carausius morosus*, il n'y a jamais de fémur, et la base du tibia se trouve toujours à l'extrémité supérieure du scape.

Ces régénérations de pattes, même quand elles sont à leur maximum de développement, c'est-à-dire quand elles ont un tibia et un tarse de quatre articles, avec deux griffes et une pelote, ont toujours de petites dimensions, ce qui parait évident, une antenne ne pouvant régénérer un organe plus gros qu'elle, avec ses dimensions normales.

Il serait intéressant de savoir aux pattes de quelles paires correspondent les pattes régénérées à la place d'antennes coupées chez le *Carausius morosus*; mais, étant donné que, chez cette espèce, les pattes des trois paires présentent seulement de légères différences, la question me parait devoir rester sans réponse.

Dans mes expériences, j'ai obtenu aussi la régénération d'articles antennaires, fait signalé par Lucien Cuénot dans ses deux notes indiquées ci-avant.

En sectionnant des antennes de cet Orthoptère, il peut donc se produire des régénérations homomorphes et des régénérations hétéromorphes.

Comme le *Tenebrio molitor*, le *Carausius morosus* est un Insecte précieux pour la biologie expérimentale. En effet, on peut étudier les phénomènes de la parthénogenèse, de la catalepsie, de la régénération homomorphe et hétéromorphe, etc., sur cet Orthoptère qui, avantage très appréciable, se nourrit, même tout jeune, de feuilles de lierre, plante que l'on trouve partout et en toute saison. Il mange aussi des feuilles de vigne et, probablement, des feuilles d'un certain nombre d'autres végétaux. Bien qu'il soit originaire de l'Inde, ce Phasmidé n'est pas délicat. De tout jeunes individus que j'avais mis dans une pièce où la température s'était abaissée à + 8° centigrades ne m'ont pas paru en avoir souffert.

Description d'anomalies coléoptérologiques et lépidoptérologiques

AVEC ONZE FIGURES DANS LE TEXTE

COLÉOPTÈRES

ANTENNES ANOMALES

Carabus splendens Oliv. var. (*Carabidœ*).

(Fig. 1).

Spécimen dont l'antenne gauche est anomale. Son huitième article présente une bifurcation dont l'une des branches porte le neuvième article. Ce spécimen provient de Lampy, commune de Saissac (Aude).

Fig. 1 et 2, grossies quatre fois.

Carabus auronitens Fabr. var. **festivus** Dej. (*Carabidœ*).

(Fig. 2).

Spécimen dont l'antenne gauche est anomale. Son dixième article est trifurqué, deux des branches portant chacune un onzième article (onze est le nombre normal). Ce spécimen provient de Durfort (Tarn) et m'a été vendu par M. Eugène Le Moult.

Siagona Dejeani Ramb. (*Carabidæ*).

(Fig. 3).

Spécimen mâle dont l'antenne gauche est anomale. Le deuxième article est bifurqué et présente un article supplémentaire. La grande branche est composée de onze articles, c'est-à-dire du nombre normal. Ce spécimen provient d'Algéciras (Espagne) et m'a été vendu par M. Eugène Le Moult.

Fig. 3, grossie quatre fois et demie, et fig. 4, grossie six fois.

Physetops tataricus Pall. (*Staphylinidæ*).

(Fig. 4).

Spécimen dont l'antenne gauche est anomale. Le cinquième article n'est pas bifurqué, mais porte deux branches composées chacune de six articles, ce qui fait, pour chaque branche, onze articles, nombre normal. Ce spécimen provient de Géok-Tépe, Transcaspie (Russie d'Asie), et m'a été vendu par M. Henri Donckier de Donceel.

Lucanus cervus L. var. **capreolus** Fuessl. (*Lucanidœ*).

(Fig. 5).

Spécimen mâle dont l'antenne droite est anomale. Le troisième article, beaucoup plus grand que son correspondant, porte, à son côté droit, deux très petits articles supplémentaires. J'ignore la provenance de ce spécimen.

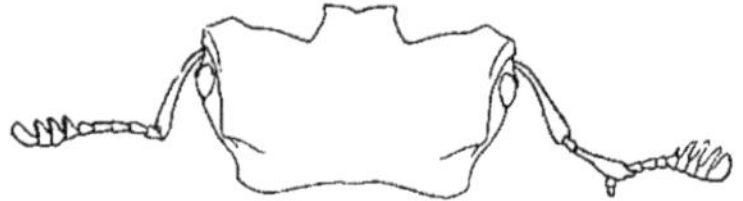

Fig. 5, grossie deux fois.

Figulus sp. ? (*Lucanidœ*).

(Fig. 6).

Spécimen dont l'antenne droite est anomale, le deuxième article portant un petit appendice digitiforme. Ce spécimen provient de l'île Yule (Nouvelle-Guinée). Mon collègue à la Société entomologique de France, M. le Dʳ Robert Didier, spécialiste en Lucanidés, m'a obligeamment écrit que ce *Figulus* anomal appartenait peut-être à une espèce nouvelle et qu'il l'étudierait ultérieurement.

Fig. 6, grossie six fois.

PATTES ANOMALES

Carabus auratus L. (*Carabidœ*).

(Fig. 7).

Spécimen dont la patte postérieure gauche est anomale. Le troisième article du tarse, qui n'est pas bifurqué, porte

deux branches : l'une est composée de deux articles dont le
dernier (onychium) porte deux ongles, et l'autre également
de deux articles dont l'onychium porte trois ongles. Ce spécimen a été capturé à Bueil (Eure), le 28 mars 1920, par
mon collègue à la Société des Amis des Sciences naturelles
de Rouen, M. Aristide Langlois, qui a eu l'amabilité de me
le donner.

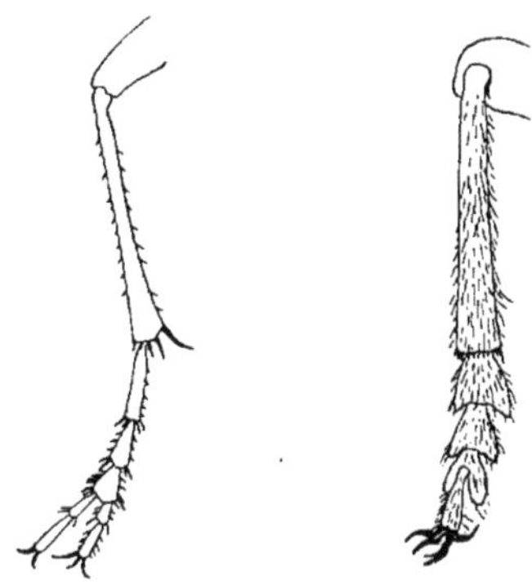

Fig. 7, grossie quatre fois, et fig. 8, grossie cinq fois.

Rhagium sycophanta Schrank (*R. mordax* Fabr.).

(*Cerambycidæ*).

(Fig. 8).

Spécimen mâle dont la patte médiane gauche est anomale,
l'onychium portant cinq ongles au lieu du nombre normal,
qui est deux. Ce spécimen a été capturé à la forêt Verte,
près de Rouen, le 16 mai 1920, par mon collègue à la
Société des Amis des Sciences naturelles de Rouen, M. Roger
Duprez, qui a eu l'amabilité de me le donner.

LÉPIDOPTÈRES

ANTENNES ANOMALES

Hypolimnas Misippus L. (*Nymphalidæ*)[1].

(Fig. 9 et 10).

On rencontre, de temps à autre, des cas de schistomélie antennaire chez des Coléoptères appartenant à différentes familles ; mais il n'en est pas ainsi chez les Lépidoptères. En effet, des entomologistes qui ont eu l'occasion d'examiner un très grand nombre de Papillons m'ont dit n'en avoir jamais observé.

Le spécimen en question est donc particulièrement inté-ressant. C'est un mâle d'une espèce exotique très commune, l'*Hypolimnas Misippus* L. Il provient de Beira (Afrique orientale portugaise) et m'a été vendu par M. J. Clermont.

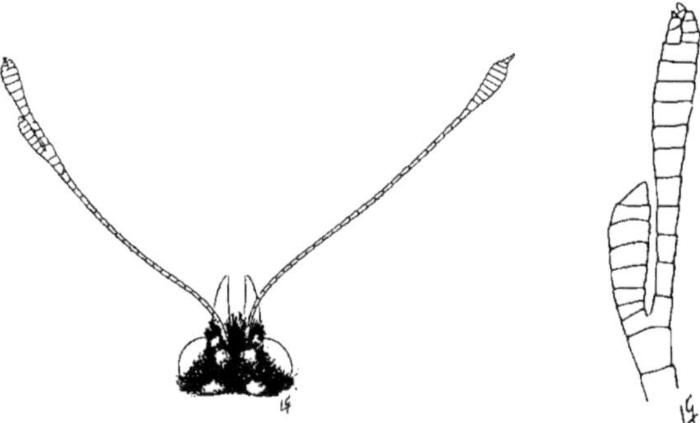

Fig. 9, au triple
de la grandeur naturelle.

Fig. 10,
très grossie.

L'anomalie consiste en une bifurcation de la massue

1. Reproduction presque intégrale d'une note intitulée : *Description et figuration d'une antenne anomale d'Hypolimnas Misippus* L. [*Lep. Nymphalidæ*], que j'ai publiée dans le Bull. de la Soc. entomologique de France, ann. 1928, p. 122 et fig. 1 et 2.

gauche, l'antenne anomale étant un peu plus courte et un peu plus épaisse que sa symétrique normale.

Ces deux figures, montrant ce cas de schistomélie antennaire, très rare chez les Lépidoptères, sont exactes. Toutefois, le savant lépidoptériste du Muséum national d'Histoire naturelle de Paris, M. Fernand Le Cerf, qui a eu l'obligeance d'examiner attentivement la massue anomale, m'a fait remarquer que la séparation en deux parties de l'article terminal de la branche principale (fig. 10), n'était qu'une apparence, l'espace entre ces deux parties chitinisées étant rempli par une membrane blanche.

Papilio Machaon L. (*Papilionidæ*).

(**Fig.** 11).

Spécimen femelle dont l'antenne droite, anomale, est beaucoup plus courte que la gauche, les articles basilaires et moyens étant plus gros que leurs correspondants et la

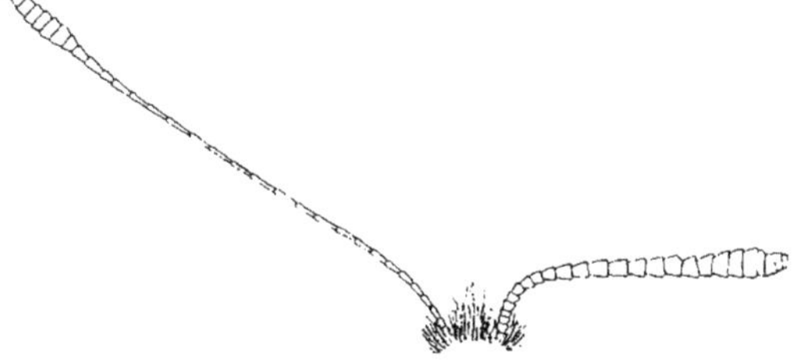

(Fig. 11, grossie quatre fois).

massue peu distincte. Ce spécimen a été obtenu d'éclosion à Évreux (Eure), le 21 juillet 1924, par mon collègue à la Société des Amis des Sciences naturelles de Rouen, M. Aristide Langlois, qui a bien voulu me le donner.

22

ECTROMÉLIE ALAIRE

Lasiocampa trifolii Esp. forma **medicaginis** Bkh.

triptère (*Lasiocampidœ*) [1].

A différentes reprises, on a signalé des Lépidoptères atteints d'ectromélie alaire, c'est-à-dire chez lesquels il y avait *absence complète* d'une ou de plusieurs ailes, et non leur avortement, qui est une anomalie assez fréquente chez ces Insectes.

Comme exemples d'ectromélie alaire se rapportant aux Lépidoptères, je me borne à citer les trois suivants, mentionnés dans les Annales de la Société entomologique de France :

Deux spécimens communiqués par Bellier de la Chavignerie : un *Saturnia pavonia* L. (*S. carpini* Schiff.) mâle n'ayant pas d'aile postérieure gauche, et un *Opisthograptis luteolata* L., indiqué sous le nom de *Geometra cratœgaria* et privé de ses deux ailes gauches (Annal. de la Soc. entomologique de France, ann. 1846, Bull., p. xxxiv, et op. cit., ann. 1852, p. lxix).

Un spécimen communiqué par Berce : *Thais Polyxena* Schiff. var. *Cassandra* Hb. mâle dont l'aile postérieure droite n'existait pas (op. cit., ann. 1847, p. cxi).

Je puis citer un nouvel exemple d'ectromélie alaire, grâce à mon collègue à la Société des Amis des Sciences naturelles de Rouen, M. Aristide Langlois, qui, après avoir exposé le spécimen à la séance du 2 octobre 1924 de cette Société, a eu l'amabilité de me le donner. Il s'agit d'un *Lasiocampa trifolii* Esp. forma *medicaginis* Bkh. mâle, obtenu par lui ex larvâ, à Évreux (Eure), le 8 septembre 1924. Ce Papillon est normal, sauf l'aile postérieure gauche dont il n'existe

---

1. Reproduction intégrale d'une note intitulée : *Lasiocampa trifolii* Esp. forma *medicaginis* Bkh. *triptère* [*Lep. Lasiocampidœ*], que j'ai publiée dans le Bull. de la Soc. entomologique de France, ann. 1926, p. 29.

aucune trace. Après avoir coupé les poils de la région du thorax où aurait eu lieu l'articulation de cette aile dans le cas de sa présence, je n'ai vu, à la surface thoracique, qu'une apparence de point d'articulation. Si le spécimen avait été frais ou dans un liquide conservateur, on aurait pu voir si les muscles de l'aile absente existaient ; mais, comme il m'a été remis desséché, j'ai pensé qu'il était préférable de ne pas le ramollir pour essayer d'en faire la dissection.

Je crois que l'ectromélie alaire est assez rare chez les Lépidoptères. C'est également l'avis de M. Fernand Le Cerf.

Zygæna filipendulæ L. triptère (*Zygœnidœ*) [1].

Il s'agit d'un mâle de cette espèce, provenant d'Alizay (Eure), où il fut capturé, le 19 juillet 1927, par mon collègue à la Société des Amis des Sciences naturelles de Rouen, M. Louis Dupont, qui a eu l'amabilité de me le donner.

Chez cet individu, il n'existe aucune partie de l'aile antérieure droite. Quant à l'aile postérieure du même côté, elle est un peu plus petite que sa symétrique. Les deux ailes du côté gauche sont normales.

On rencontre assez fréquemment, chez les Lépidoptères, des ailes plus petites, à divers degrés, que leurs symétriques. J'ai montré, il y a fort longtemps, que l'on pouvait obtenir expérimentalement cette anomalie [2].

Les onze figures que renferme cette note m'ont été fidèlement dessinées par Mlle L. Guyon, préparatrice au Collège de France. Quant aux spécimens dont elles représentent les

1. Reproduction partielle d'une note intitulée : *Zygœna filipendulœ* L. *triptère* [*Lep.*], que j'ai publiée dans le Bull. de la Soc. entomologique de France, ann. 1928, p. 71.

2. *Expériences tératogéniques sur différentes espèces d'Insectes*, dans le journal Le Naturaliste, n° du 15 mai 1890, p. 114 et fig. 1-6. Tirés à part, Paris, bureaux du journal, 1890, (pagination spéciale).

anomalies, je les ai donnés au Muséum national d'Histoire naturelle de Paris, comme je l'avais fait pour les Insectes dont l'anomalie avait été antérieurement décrite par moi.

Sans doute il est intéressant d'étudier de tels Insectes et d'en publier les anomalies ; mais il est beaucoup plus intéressant encore d'en rechercher les causes, en d'autres termes, de faire de la tératogénie expérimentale. Actuellement, ces captivantes recherches sont effectuées par des savants au premier rang desquels il convient de placer le R. P. Cappe de Baillon, auteur d'un très remarquable ouvrage intitulé : *Recherches sur la Tératologie des Insectes*, (volume illustré de l'Encyclopédie entomologique, Paris, Paul Lechevalier, 1927).

**

Pour faciliter les recherches bibliographiques, je donne ci-après la liste chronologique de mes modestes publications de tératologie entomologique :

[Coléoptère anomal][1], dans le Bull. de la Soc. entomologique de France, ann. 1882, p. LXXII.

Note sur l'albinisme imparfait unilatéral chez les Lépidoptères, dans les Annales de la Soc. entomologique de France, ann. 1885, p. 431.

[Coléoptères anomaux], dans le Bull. de la Soc. entomologique de France, ann. 1886, p. CLXXIX.

[Coléoptères et Hémiptère anomaux], dans le Bull. de la Soc. entomologique de France, ann. 1888, p. LXXXII.

Sur un type probablement nouveau d'anomalies entomologiques, présenté par un Insecte Coléoptère (Stenopterus rufus L.)[2], dans le journal Le Naturaliste, n° du 1er janvier 1889, p. 9 et fig. 1 et 2. Tirés à part, Paris, bureaux du journal, 1889, (pagination spéciale).

---

1. Les titres mis entre crochets indiquent que les notes en sont dépourvues.

2. Rectification dans une des notes indiquées ci-après *(Description et figuration d'anomalies coléoptérologiques)*.

Expériences tératogéniques sur différentes espèces d'Insectes, dans le journal Le Naturaliste, n° du 15 mai 1890, p. 114 et fig. 1-6. Tirés à part, Paris, bureaux du journal, 1890, (pagination spéciale).

Description d'une Écrevisse commune, de quatre Coléoptères et de deux Lépidoptères anomaux, dans le Bull. de la Soc. entomologique de France, ann. 1895, p. LXXXVIII et fig. 1-3. Tirés à part, Paris, siège de la Société, 1895, (même pagination).

Description d'un Coléoptère anomal (Harpalus serripes Quensel), dans le Bull. de la Soc. entomologique de France, ann. 1896, p. 87. Tirés à part, Paris, siège de la Société, 1896, (même pagination).

Sur la furcation tératologique des pattes, des antennes et des palpes chez les Insectes, dans le Bull. de la Soc. entomologique de France, ann. 1898, p. 93 et fig. 1 et 2. Tirés à part, Paris, siège de la Société, 1898, (même pagination).

[Myriopode Chilopode anomal], dans mes *Recherches sur les faunes marine et maritime de la Normandie, 2° voyage, région de Grandcamp-les-Bains (Calvados) et îles Saint-Marcouf (Manche), juillet-septembre 1894, suivies de deux mémoires d'Eugène Canu et du Dr É. Trouessart sur les Copépodes et les Ostracodes marins des côtes de Normandie, et sur les Acariens marins récoltés pendant ce voyage, et d'un supplément au compte-rendu de son voyage zoologique dans la région de Granville et aux îles Chausey (Manche), en juillet-août* 1893, avec douze planches et cinq figures dans le texte, dans le Bull. de la Soc. des Amis des Scienc. natur. de Rouen, 2° sem. 1897. Tirés à part, Paris, J.-B. Baillière et fils, 1898, (même pagination), (Myriopode Chilopode anomal, p. 358 et fig. 3 et 4).

Description d'un Coléoptère anomal (Calosoma scrutator F.), dans le Bull. de la Soc. entomologique de France, ann. 1899, p. 81. Tirés à part, Paris, siège de la Société, 1899, (même pagination).

Description de Coléoptères anomaux des genres Mecinus et Galerita, et de Lépidoptères albins du genre Ocneria, dans le Bull. de la Soc. entomologique de France, ann. 1903, p. 88 et fig. 1 et 2. Tirés à part, Paris, siège de la Société, 1903, (même pagination).

Description d'un Coléoptère (Procerus scabrosus Ol. var. taurica M. Ad.) à patte anomale, et d'un Hémiptère Hétéroptère (Centrocoris subinermis Rey) à antenne anomale, dans le Bull. de la Soc. entomologique de France, ann. 1907, p. 147. Tirés à part, Paris, siège de la Société, 1907, (même pagination).

Description et figuration d'une anomalie antennaire d'un Coléoptère (Carabus auratus L.), dans le Bull. de la Soc. entomologique de France, ann. 1910, p. 135 et fig. 1 et 2. Tirés à part, Paris, siège de la Société, 1910, (même pagination).

Anomalies antennaires de Pyrrhocoris apterus L. [Hem. Pyrrhocoridæ], dans le Bull. de la Soc. entomologique de France, ann. 1914, p. 258 et fig. 1-9. Tirés à part, Paris, siège de la Société, 1914 (même pagination).

Description et figuration d'anomalies coléoptérologiques, dans le Bull. de la Soc. entomologique de France, ann. 1923, p. 229 et fig. 1-11. Tirés à part, Paris, siège de la Société, 1923, (même pagination).

Lasiocampa trifolii Esp. forma *medicaginis* Bkh. *triptère [Lep. Lasiocampidæ],* dans le Bull. de la Soc. entomologique de France, ann. 1926, p. 29.

Zygœna filipendulæ L. *triptère [Lep.],* dans le Bull. de la Soc. entomologique de France, ann. 1928, p. 71.

Description et figuration d'une antenne anomale d'Hypolimnas Misippus L. [Lep. Nymphalidæ], dans le Bull. de la Soc. entomologique de France, ann. 1928, p. 122 et fig. 1 et 2.

IV

Description et figuration d'une cécidie nouvelle
produite par les larves d'un Thripidé (Thysanoptère)
aux capitules de l'Eryngium Bourgati Gouan
(Ombellacée)[1]

Le 7 septembre 1925, je trouvai près du village de Salardu,
situé au fond de la vallée d'Aran, dans la province espagnole
de Catalogne, des cécidies développées à des capitules de
Panicauts de Bourgat (*Eryngium Bourgati* Gouan), plante

Fig. 1.

de la famille des Ombella-
cées (ou Ombellifères) que
l'on trouve dans toute la
chaine des Pyrénées. La
figure 1 montre trois spécimens de cette cécidie.

Ne me doutant pas alors
qu'elle était nouvelle pour
la science, je n'en récoltai
qu'un petit nombre. Celles
que j'ouvris ne contenaient
pas d'animaux ou renfer-
maient, en nombre variable, des larves faciles à reconnaitre
pour celles d'une espèce de Thripidé[2]. En Europe, il n'y a
que peu de Thripidés cécidogènes, mais il en est différemment dans les régions tropicales.

1. Reproduction intégrale de la note que j'ai publiée dans le Bull.
de la Soc. entomologique de France, ann. 1927, p. 76 et fig. 1-3.

2. Dans les publications entomologiques, on trouve Thripides et
Thripsides. Il me paraît que le premier nom est seul correct. En effet,
Linné, créateur du genre *Thrips*, a écrit, dans différentes éditions de
son *Systema Naturæ* : « *Thripis rostrum...* » et non *Thripsis rostrum*.

D'après mes recherches bibliographiques, cette cécidie n'a pas encore été décrite. Pour ne plus avoir de doute à cet égard, j'ai envoyé des figures de la cécidie et de la larve à deux éminents cécidologues, MM. les professeurs C. Houard et Joaquim da Silva Tavares. Ils ont eu l'obligeance de m'écrire qu'ils considéraient la cécidie en question comme nouvelle pour la science.

Le 14 septembre 1926, je suis retourné à l'endroit où j'avais récolté les cécidies un an auparavant, et j'en ai fait une ample récolte. Aucune des cécidies que j'ai ouvertes alors ne contenait de larves de Thripidé, et, de toutes celles mises dans deux boites, il n'est pas sorti un seul imago.

J'ai vu nombre de pieds d'*Eryngium Bourgati* en différents points de la partie centrale de la chaîne des Pyrénées, mais je n'ai trouvé les cécidies qu'auprès du village de Salardu. De plus, ayant montré des spécimens de cette cécidie à deux botanistes, MM. Louis et Pierre Saubadie, qui ont beaucoup herborisé dans cette partie de la chaîne, sur les territoires français et espagnol, et qui ont vu des quantités de spécimens de cette plante, ils m'ont dit ne l'avoir jamais rencontrée, en ajoutant qu'elle était assez visible pour n'avoir pas échappé à leur attention.

Étant donné que l'*Eryngium Bourgati* se rencontre dans toute la chaîne des Pyrénées, je ne puis guère croire que les cécidies développées à ses capitules ne se trouvent qu'en une seule localité de cette chaîne. Néanmoins, pour permettre d'en recueillir aux naturalistes qui le voudraient, voici l'indication précise de l'endroit où je les ai découvertes. Cet endroit, dont le sol est schisteux, est situé auprès du village de Salardu, entre 1300 et 1400 mètres d'altitude environ, en un point de la montagne tourné vers le nord et dominant la rive gauche du torrent d'Inola, qui passe à côté du village de Bagergue et se jette dans la Garonne à Salardu. La totalité des cécidies que j'ai récoltées au mois de septembre 1925 et 1926 étaient au bord du sentier qui conduit à la source de la Garonne et dans son voisinage.

Dans les boîtes où j'avais placé les cécidies récoltées le 14 septembre 1926, avec l'espoir d'obtenir le Thripidé à l'état d'imago, j'ai trouvé des larves et des imagos d'un petit Hémiptère Hétéroptère que, pour en connaître le nom, j'ai envoyés à mon savant collègue M. le Dr Maurice Royer. Il m'a informé qu'ils appartenaient au *Triphleps nigra* Wolff, de la famille des Anthocoridés. « Sans pouvoir l'affirmer, m'a-t-il écrit, il serait très possible que les Hémiptères ainsi recueillis aient évolué aux dépens des larves cécidogènes,

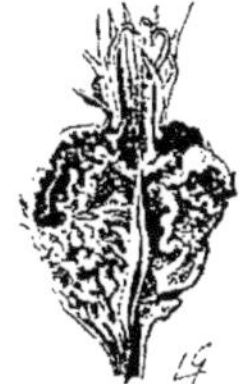

Fig. 2.

plusieurs Anthocoridés étant piqueurs, au moins occasionnellement ». Si cette intéressante supposition est exacte se trouveraient peut-être expliquées l'absence de larves dans les cécidies que j'avais ouvertes en 1926 et la non-obtention d'un seul imago de toutes celles que j'avais placées dans des boîtes.

Voici maintenant la description de la cécidie et de la larve cécidogène adulte, description que je puis grandement abréger, grâce aux trois figures ci-jointes, dessinées fidèlement par Mlle L. Guyon.

CÉCIDIE. — De forme arrondie ou allongée-arrondie, à surface ridée; de taille différente, le diamètre moyen de celles que j'ai examinées variant entre deux et onze millimètres, non compris le bouquet terminal de bractéoles. Le nombre des cécidies, développées en différents points

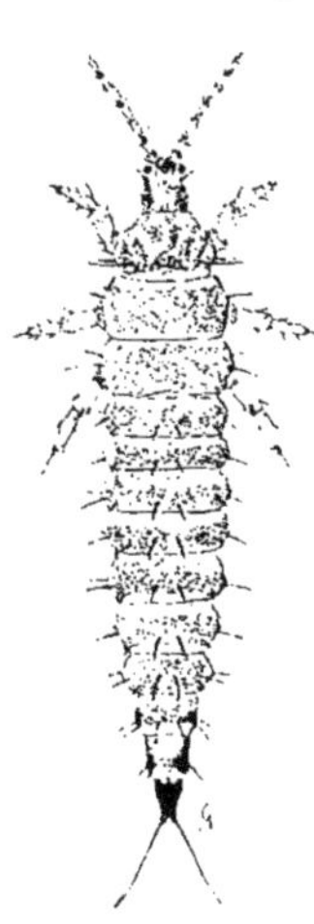

Fig. 3.

des capitules, est variable aussi : le plus souvent, il n'y en a qu'une ou deux, mais j'ai vu des capitules en portant quatre, cinq, voire jusqu'à seize. J'ai même trouvé un rameau dont les quatre capitules étaient transformés en bouquets de cécidies, au nombre de dix, dix-sept, dix-huit et vingt et une. Tantôt un rameau n'a qu'un

23

seul capitule où se sont développées des cécidies ; tantôt il y en a, sur le même rameau, deux ou plusieurs pourvus de cécidies ; enfin, comme il est indiqué ci-avant, tous les capitules du même rameau en portent. L'intérieur de la cécidie, que montre la figure 2, se compose de bractéoles et de fleurs atrophiées parmi lesquelles se tiennent, en nombre variable, les larves du Thripidé.

Larve adulte. — D'une longueur d'un millimètre et demi à deux millimètres environ ; de couleur rouge, avec les antennes, la tête et les pattes brunes, et l'extrémité postérieure du corps noire. Les autres détails de sa configuration se voient dans la figure 3 qui représente, très grossie, une larve adulte de ce Thripidé cécidogène dont les noms générique et spécifique ne peuvent être donnés, l'imago n'étant pas connu jusqu'alors.

Observation. — Il est possible que les individus qui me paraissent être des larves adultes soient, en réalité, des imagos complètement aptères.

Quand j'ai publié la note ci-avant, la localité de Salardu, située au fond de la vallée d'Aran, dans la province espagnole de Catalogne, où j'avais découvert la cécidie en question, était, à ma connaissance, la seule que l'on eût indiquée.

Or, un bon cécidologue, M. M.-E. Noury, a publié, dans le procès-verbal de la séance du 6 décembre 1928 de la Société des Amis des Sciences naturelles de Rouen, une note dans laquelle il dit avoir reçu cette cécidie d'un botaniste, le frère Sennen, qui l'avait récoltée sur la même plante, le 1er août 1928, vers 1600 mètres d'altitude, dans le val de Llo, en Cerdagne espagnole, située aussi en Catalogne.

J'ai vu cette cécidie qui, sans le moindre doute, est identique à celle découverte par moi.

Quelques lignes sur le Fourmilion indigène
(Euroleon nostras Fourc.)

AVEC CINQ FIGURES DANS LE TEXTE

La plupart des ouvrages de vulgarisation qui contiennent de nombreux détails sur les mœurs des Insectes parlent de celles des Fourmilions.

Dans le tome sixième de ses immortels *Mémoires pour servir à l'histoire des Insectes*, Réaumur leur a consacré un long chapitre, accompagné de planches, où il décrit la façon dont les larves creusent, dans un sol meuble et à l'abri de la pluie, des entonnoirs au fond desquels, tapies, elles attendent qu'un très petit animal tombe, pour le saisir avec leurs fortes mandibules et le dévorer. En réalité,

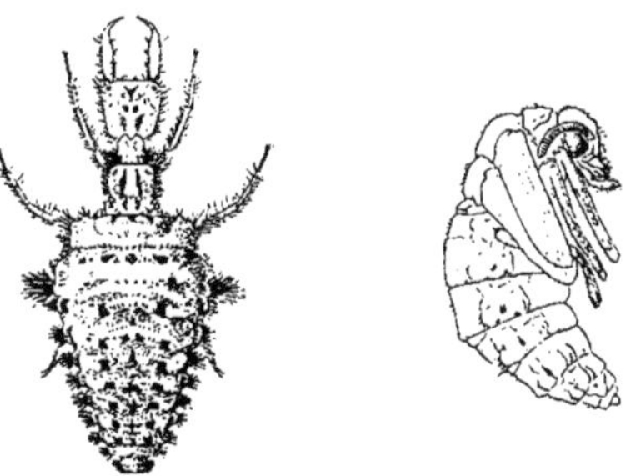

Fig. 1 et 2. Larve et nymphe (grossies deux fois et demie).

ces entonnoirs sont des cônes renversés ou de minuscules cratères, car ils n'ont pas la partie tubulaire dont sont pourvus les instruments en question.

Ayant élevé des larves du Fourmilion indigène (*Euroleon nostras* Fourc.) et obtenu le cocon, qui est sphérique,

composé de terre et de très petits cailloux agglutinés et
tapissé, à l'intérieur, d'un mince tissu soyeux, la nymphe,
et l'adulte, qui m'a été obligeamment déterminé par l'émi-
nent spécialiste en Névroptères (sensu lato), le R. P.

Fig. 3. Cocon montrant l'ouverture de sortie de l'adulte
dont on voit la partie antérieure de la dépouille,
et, fig. 4, cocon dont une partie
a été enlevée pour laisser voir l'intérieur.
(Grandeur naturelle).

Longin Navás, j'ai cru intéressant d'en faire exécuter
fidèlement des dessins par Mlle L. Guyon et de les donner ici.

Au sujet des mœurs de ces Névroptères, je n'ai rien à
signaler qui ne soit bien connu.

Fig. 5. Adulte (grandeur naturelle).

Il existe, en Normandie, deux espèces de Fourmilions :
l'*Euroleon nostras* Fourc. et le *Myrmeleon formicarius* L.

Les personnes qui s'intéressent aux larves de ces Névroptères et à leurs curieuses mœurs, feront bien de lire le
remarquable mémoire du professeur Étienne Rabaud, intitulé : *Étude biologique des larves de quelques Plani-
pennes* et publié dans le Bulletin biologique de la France
et de la Belgique (t. LXI, 1927, fasc. 4, p. 433 et fig. 1-5).

Sur la présence du Rosalia alpina L.
(Coléoptère Cérambycidé) en Normandie

D'une taille svelte, pourvu de longues antennes et couvert d'un duvet bleu cendré pâle, avec, aux élytres, de grandes taches d'un noir velouté, le *Rosalia alpina* L., de la famille des Cérambycidés, est un des plus beaux Coléoptères de la faune française.

La larve de ce Longicorne se développe dans différentes espèces d'arbres, mais le plus généralement dans le Hêtre. Il a une vaste distribution géographique et habite surtout les régions montagneuses. En France, on le trouve dans les Cévennes, les Alpes, les Pyrénées, et aussi dans un certain nombre de départements de l'ouest, du centre et du midi.

Au sujet de la présence du *Rosalia alpina* en Normandie, je connais seulement les indications suivantes :

Ce bel Insecte, « m'a-t-on dit, a été trouvé à Rouen et autres localités normandes ». [1]

« Pris sur un mélèze au mois d'août, à Elbeuf, par M. Levoiturier ». [2]

« .... ; cité aussi d'Elbeuf et de Rouen, mais d'origine suspecte ». [3]

1. De Brébisson. — *Catalogue des Insectes de l'ordre des Coléoptères qui se trouvent en Normandie, et notamment aux environs de Falaise.* dans les Mémoires de la Soc. linnéenne de Normandie, ann. 1829-33, 3° vol., 1835. (*R. alpina*, p. 213).

2. Mocquerys père. — *Supplément à l'Énumération des Insectes Coléoptères observés jusqu'alors dans le département de la Seine-Inférieure,* par Émile Mocquerys. dans le Bull. de la Soc. des Amis des Scienc. natur. de Rouen. ann. 1870 et 1871, *R. alpina*, p. 73). Tirés à part, Rouen. Léon Deshays et C⁽ⁱᵉ⁾, 1872, p. 17.

3. Louis Bedel. — *Faune des Coléoptères du bassin de la Seine* (ouvrage publié par la Société entomologique de France), t. V. *Phytophaga*, Paris. Société entomologique de France, 1889-1901. p. 75.

Mon collègue à la Société entomologique de France, M. G. Aubert, qui habite Vernon (Eure), a eu l'obligeance de me montrer un exemplaire de cette espèce, capturé sur une bille de bois, dans un jardin, à Vernon, rue de Bizy, le 14 juillet 1923, qui lui a été donné et fait partie de sa collection.

Si, comme la prudence le demande, on laisse de côté le renseignement vague de « Rouen et autres localités normandes », publié par de Brébisson, l'indication de Rouen ayant été reproduite par Louis Bedel, qui, avec raison, la considère comme suspecte, il ne reste plus que deux localités où l'espèce en question a été trouvée : Elbeuf (Seine-Inférieure) et Vernon (Eure).

Le fait que la présence en Normandie de ce beau Cérambycidé a été indiquée seulement dans ces deux villes, du moins à ma connaissance, permet de dire que, presque certainement, il y fut apporté dans du bois, à l'état de larve, de nymphe ou d'imago.

En conséquence, le *Rosalia alpina* L. ne saurait être considéré comme indigène en Normandie et doit être mentionné à part dans tout catalogue relatif aux Coléoptères de cette province.

ROUEN

IMPRIMERIE LECERF FILS

1928